SITZUNGSBERICHTE DER DEUTSCHEN AKADEMIE
DER WISSENSCHAFTEN ZU BERLIN

Klasse für Mathematik und allgemeine Naturwissenschaften
Jahrgang 1954 Heft 3

WOLFRAM JEHNE

ZUR MODERNEN KLASSENKÖRPERTHEORIE

1957

AKADEMIE-VERLAG · BERLIN

Vorgelegt von Hrn. HASSE in der Gesamtsitzung vom 11. März 1954
Zum Druck genehmigt am gleichen Tage, ausgegeben am 25. Oktober 1954

2. unveränderte Auflage
Erschienen im Akademie-Verlag GmbH., Berlin W 8, Mohrenstraße 39
Lizenz-Nr. 202 . 100/382/57
Gesamtherstellung: Druckerei „Thomas Müntzer" Bad Langensalza
Bestell- und Verlagsnummer 2010/54/I/3
Preis: DM 1,—
Printed in Germany

Artin-Chevalley-Homomorphismus induziert, mit folgenden Eigenschaften:

Für Zwischenkörper Λ von K/Ω gilt

(A*) $\quad \lambda^*_{K/\Lambda} \circ \varphi_{K/\Lambda} = [*, \Lambda] \circ v_{K/\Lambda} \quad$ auf $G_{K/\Lambda}/G'_{K/\Lambda}$ [1].

(B*) $\quad \varphi_{K/\Omega} = \varphi_{K/\Lambda} \quad$ auf $G_{K/\Lambda}/G'_{K/\Lambda}$.

Ist Λ/Ω sogar galoissch, so gilt

(C*) $\quad \eta^*_{K/\Lambda} \circ \varphi_{K/\Omega} = \varphi_{\Lambda/\Omega} \circ \eta_{K/\Lambda} \quad$ auf $G_{K/\Omega}/G'_{K/\Lambda}$.

Mit Hilfe von (2) kann dann die folgende *Eindeutigkeitsaussage* bewiesen werden: *Bei festem K/Ω sind für alle galoisschen Zwischenkörper Λ/N die $G_{\Lambda/N}$ durch (A)—(C) und die Existenz der $\varphi_{\Lambda/N}$ mit (A*)—(C*) eindeutig bestimmt. Die $\varphi_{\Lambda/N}$ liegen durch (B*) und (C*) bei festem $\varphi_{K/\Omega}$ eindeutig fest, während $\varphi_{K/\Omega}$ durch (A*)—(C*) nur bis auf innere Automorphismen $\iota(A)$ von $\mathfrak{G}_{K/\Omega}$ mit beliebigen A aus $\mathfrak{G}_K$ festliegt.*

In diesem präzisierten Sinn ist also die „eindeutige Lösbarkeit" des WEILschen Existenzproblems zu verstehen.

5. Sei von jetzt an K/Ω ein globaler Körper. Dann lassen sich auf Grund eines Satzes über die Invarianten mod$^+$ 1 von Idelklassenfaktorensystemen (JEHNE [3]) für alle $\mathfrak{P}$ von K die lokalen kanonischen Gruppenerweiterungen $G_{K_{\mathfrak{P}}/\Omega_{\mathfrak{p}}}$ isomorph als Gruppenerweiterungen $G^{\mathfrak{P}}_{K/\Omega}$ von $C^{\mathfrak{P}}_K = \hat{K}^{\mathfrak{P}} K^\times/K^\times$ in das feste $G_{K/\Omega}$ einbetten, wobei $G^{\mathfrak{P}}_{K/\Omega}$ innerhalb $G_{K/\Omega}$ bei festem $\mathfrak{P}$ nur bis auf innere Automorphismen $\iota(a)$ mit beliebigem a aus C_K festliegt. Entsprechendes gilt bekanntlich für die lokalen Frobeniusgruppen $\mathfrak{G}_{K_{\mathfrak{P}}/\Omega_{\mathfrak{p}}}$ von $\mathfrak{G}^*_{K_{\mathfrak{P}}/\Omega_{\mathfrak{p}}}$, die als „Frobeniusgruppen $\mathfrak{G}^{\mathfrak{P}}_{K/\Omega}$ in $\mathfrak{G}_{K/\Omega}$" bei festem $\mathfrak{P}$, bis auf innere Automorphismen $\iota(A)$ von $\mathfrak{G}_{K/\Omega}$ mit beliebigem A aus $\mathfrak{G}_K$ eindeutig, eingebettet werden können. Die lokalen Isomorphismen $\varphi_{K_{\mathfrak{P}}/\Omega_{\mathfrak{p}}}$ übertragen

[1] (*A**) ist die Eigenschaft (*D*) aus WEIL [5], steht jedoch im gleichen Verhältnis zu (*C**) wie (*A*) zu (*C*), und wurde daher hier mit (*A**) bezeichnet.

klassengruppe, d. h. der Gruppe aller Elemente aus $\hat{K}$ bzw. C_K mit Norm gleich 1 bezüglich $\mathfrak{g}$.

3. Für die Zwecke der verallgemeinerten Klassenkörpertheorie kann statt der WEILschen Topologie die schwächere Normentopologie auf G_K verwendet werden, für die ein volles Umgebungssystem der 1 als Gesamtheit der Normengruppen $G_M^{\mathfrak{g}_{M/K}}$ für alle endlichen separablen galoisschen Erweiterungen M/K erklärt ist. Dadurch wird auch $G_{K/\Omega}$ mit einer „Normentopologie" versehen, die im folgenden zugrunde gelegt sei. Diese Topologie ist im Zahlkörperfall nicht separiert, und die Inseparierheitskomponente $S_K = \bigcap_{M \geq K} G_M^{\mathfrak{g}_{M/K}}$ der 1 stimmt mit der Zusammenhangskomponente der 1 bei der WEILschen Topologie überein; daher gilt nach WEIL [5] $S_\Lambda = S_K^{\mathfrak{g}_{K/\Lambda}}$ für einen Zwischenkörper Λ von K/Ω. Da die Abbildung $v_{K/\Lambda}$ stetig ist, folgt daraus nach der verschärften Eigenschaft (A) für die abgeschlossene Hülle $\overline{G'_{K/\Lambda}}$ von $G'_{K/\Lambda}$:

(1) $\overline{G'_{K/\Lambda}} = G'_{K/\Lambda} S_K$ ($S_K = \{1\}$ für lokale und Funktionenkörper).

4. Auf Grund der topologischen Isomorphie $G_{K/\Omega}/S_K \cong \mathfrak{G}_{K/\Omega}$ zwischen $G_{K/\Omega}/S_K$ und einer im lokalen und Funktionenkörperfall überall dichten Untergruppe $\mathfrak{G}_{K/\Omega}$ von $\mathfrak{G}^*_{K/\Omega}$ (im Zahlkörperfall ist bekanntlich $\mathfrak{G}_{K/\Omega} = \mathfrak{G}^*_{K/\Omega}$) ergibt sich aus (1) für die Kommutatorgruppe $\mathfrak{G}'_{K/\Lambda}$ von $\mathfrak{G}_{K/\Lambda}$:

(2) $\mathfrak{G}'_{K/\Lambda}$ *ist bei der Krullschen Topologie abgeschlossen.*

Daher sind die natürlichen Abbildungen $\lambda^*_{K/\Omega}$ und $\eta^*_{K/\Lambda}$ von $\mathfrak{G}_{K/\Omega}/\mathfrak{G}'_{K/\Omega}$ auf $\mathfrak{G}_\Omega$ ($\underset{\text{top}}{\cong}$ G_Ω/S_Ω) bzw. von $\mathfrak{G}_{K/\Omega}/\mathfrak{G}'_{K/\Lambda}$ auf $\mathfrak{G}_{\Lambda/\Omega}$ sogar Isomorphismen, und der 2. Teil der WEILschen Theorie besagt für jedes K/Ω die Existenz eines Homomorphismus $\varphi_{K/\Omega}$ von $G_{K/\Omega}$ auf $\mathfrak{G}_{K/\Omega}$, der auf G_K den Normsymbol- bzw.

Es zeigt sich nun, daß sich darüber hinaus auch die $G_{K/\Omega}$ betreffenden Eigenschaften (A) — (C) rein gruppentheoretisch-arithmetisch herleiten lassen, und zwar in einer verschärften Form, die wichtige Folgerungen auf die Verallgemeinerung des HASSEschen Normensatzes und die Frage der eindeutigen Lösbarkeit des WEILschen Existenzproblems zuläßt. Der Zusammenhang zwischen lokaler und globaler Theorie wird dann durch eine neue Eigenschaft (D^*) hergestellt, die sich mit den WEILschen Eigenschaften (A^*) — (C^*) als äquivalent erweist.

In der vorliegenden Note sollen nur die Hauptergebnisse zusammengestellt werden, die Beweise und Zusammenhänge bleiben einer ausführlichen Arbeit vorbehalten.

2. Die verschärften Eigenschaften (A) — (C) lauten:

Die Verlagerung $v_{K/\Omega}$ von $G_{K/\Omega}$ in G_K liefert einen Isomorphismus der Faktorkommutatorgruppe $G_{K/\Omega}/G'_{K/\Omega}$ auf G_Ω:

(A) $$G_{K/\Omega}/G'_{K/\Omega} \underset{v_{K/\Omega}}{\cong} G_\Omega \quad (G'_{K/\Omega} = \textit{algebraische Kommutatorgruppe von } G_{K/\Omega}).$$

Für einen Zwischenkörper Λ von K/Ω ist $G_{K/\Lambda}$ (isomorph) in $G_{K/\Omega}$ enthalten:

(B) $$G_{K/\Lambda} \subseteq G_{K/\Omega}.$$

Ist Λ/Ω galoissch, so existiert ein kanonischer Isomorphismus $\eta_{K/\Lambda}$ von $G_{K/\Omega}/G'_{K/\Lambda}$ auf $G_{\Lambda/\Omega}$, der auf $G_{K/\Lambda}/G'_{K/\Lambda}$ den Verlagerungsisomorphismus $v_{K/\Lambda}$ nach (A) *induziert:*

(C) $$G_{K/\Omega}/G'_{K/\Lambda} \underset{\eta_{K/\Lambda}}{\cong} G_{\Lambda/\Omega}.$$

Die Verschärfung besteht darin, daß der Kern der Verlagerung $v_{K/\Omega}$ als die algebraische Kommutatorgruppe $G'_{K/\Omega}$ erkannt wird; daher ist $G'_{K/\Omega}$ bei der WEILschen Topologie abgeschlossen. Der Beweis stützt sich im globalen Fall auf die Bestimmung des Hauptgeschlechtes $H^1_{\mathfrak{g}}(\hat{K})$ bzw. $H^1_{\mathfrak{g}}(C_K)$ der Idel- und Idel-

1. Es seien

Ω ein algebraischer Zahlkörper oder ein Kongruenzfunktionenkörper (Funktionenkörper vom Transzendenzgrad 1 mit endlichem Konstantenkörper) [*globaler Fall*], oder ein $\mathfrak{p}$-adischer Körper (einschließlich archimedischer Primstellen $\mathfrak{p}$) [*lokaler Fall*],

K/Ω eine endliche separable galoissche Erweiterung mit $\mathfrak{g} = \mathfrak{g}_{\mathsf{K}/\Omega} = \{\ldots, s, t, \ldots\}$ als Galoisgruppe,

$\mathfrak{P}|\mathfrak{p}$ die Primstellen von K bzw. Ω; $\mathsf{K}_{\mathfrak{P}}$, $\Omega_{\mathfrak{p}}$ die zugeordneten perfekten Hüllen von K bzw. Ω,

$\hat{\mathsf{K}}$ die Idelgruppe von K; $\hat{\mathsf{K}}^{\mathfrak{P}}$ $(\subseteq \hat{\mathsf{K}})$ die $\mathfrak{P}$-Komponente von $\hat{\mathsf{K}}$,

$G_{\mathsf{K}} = \begin{cases} \mathsf{K}^{\times} & \text{Multiplikationsgruppe von } \mathsf{K} \text{ im lokalen Fall} \\ C_{\mathsf{K}} = \hat{\mathsf{K}}/\mathsf{K}^{\times} & \text{Idelklassengruppe von } \mathsf{K} \text{ im globalen Fall,} \end{cases}$

A_{K} die maximal-abelsche Erweiterung von K,

$\mathfrak{G}^{*}_{\mathsf{K}}$, $\mathfrak{G}^{*}_{\mathsf{K}/\Omega}$ die Galoisgruppen von $A_{\mathsf{K}}/\mathsf{K}$ und A_{K}/Ω, nach Krull topologisiert,

$[*, \mathsf{K}]$ das Norm- bzw. Artin-Chevalley-Symbol von $A_{\mathsf{K}}/\mathsf{K}$.

Die von A. Weil [5] durchgeführte Erweiterung der Klassenkörpertheorie stellt zu jedem galoisschen Körper K/Ω die Existenz einer kanonischen Gruppenerweiterung $G_{\mathsf{K}/\Omega}$ von G_{K} zur Faktorgruppe $\mathfrak{g}$ und eines Homomorphismus $\varphi_{\mathsf{K}/\Omega}$ von $G_{\mathsf{K}/\Omega}$ in $\mathfrak{G}^{*}_{\mathsf{K}/\Omega}$ mit gewissen Eigenschaften fest. Diese Eigenschaften zerfallen in einen $G_{\mathsf{K}/\Omega}$ betreffenden Teil (A)—(C) und einen $\varphi_{\mathsf{K}/\Omega}$ betreffenden Teil (A^*) — (C^*). Während Weil die Existenz von $G_{\mathsf{K}/\Omega}$ und $\varphi_{\mathsf{K}/\Omega}$ gleichzeitig und mit topologischen Hilfsmitteln nachweist, kann im globalen Fall nach Nakayama [4], Hochschild-Nakayama [2] und Jehne [3] die bloße Existenz eines kanonischen $G_{\mathsf{K}/\Omega}$ (d. h. eines kanonischen Idelklassenfaktorensystems) auch unabhängig von $\varphi_{\mathsf{K}/\Omega}$ und $\mathfrak{G}^{*}_{\mathsf{K}/\Omega}$ rein gruppentheoretisch-arithmetisch hergeleitet werden.

sich nun als Isomorphismen $\varphi^{\mathfrak{P}}_{\mathsf{K}/\Omega}$ eines $G^{\mathfrak{P}}_{\mathsf{K}/\Omega}$ auf eine Frobeniusgruppe $\mathfrak{G}^{\mathfrak{P}}_{\mathsf{K}/\Omega}$. Den Zusammenhang zwischen lokaler und globaler Theorie leistet dann die *Eigenschaft* (D^*): *Ein globaler Homomorphismus* $\varphi_{\mathsf{K}/\Omega}$, *oder genauer das aus* $\varphi_{\mathsf{K}/\Omega}$ *durch* (B^*), (C^*) *eindeutig bestimmte System* $\Phi = \{\ldots, \varphi_{\Lambda/\mathsf{N}}, \ldots\}$ *von Homomorphismen* $\varphi_{\Lambda/\mathsf{N}}$, *erfüllt* ($A^*$) — ($C^*$) *dann und nur dann, wenn* $\varphi_{\mathsf{K}/\Omega}$ *für jedes* $\mathfrak{P}$ *auf jedem* $G^{\mathfrak{P}}_{\mathsf{K}/\Omega}$ *einen lokalen Isomorphismus* $\varphi^{\mathfrak{P}}_{\mathsf{K}/\Omega}$ *vom genannten Typus induziert, d. h. wenn die Bildgruppe* $\varphi_{\mathsf{K}/\Omega}\left(G^{\mathfrak{P}}_{\mathsf{K}/\Omega}\right) = \mathfrak{G}^{\mathfrak{P}}_{\mathsf{K}/\Omega}$ *stets eine Frobeniusgruppe in* $\mathfrak{G}_{\mathsf{K}/\Omega}$ *zu* $\mathfrak{P}$ *ist.*

6. Bekanntlich gilt der HASSEsche Normensatz für nichtzyklische Körper nicht mehr allgemein (HASSE [1]). Die Abweichung vom Normensatz wird für beliebige galoissche Körper K/Ω gemessen durch die von A. SCHOLZ als „Knoten" bezeichnete Faktorgruppe

(3) $$\mathsf{N}_{\mathsf{K}/\Omega} = \Omega^{\times} \cap \hat{\mathsf{K}}^{\mathfrak{g}}/\mathsf{K}^{\times\mathfrak{g}}$$

Vermöge einer Darstellung

(4) $$\mathsf{N}_{\mathsf{K}/\Omega} \cong H^1_{\mathfrak{g}}(C_{\mathsf{K}})/H^1_{\mathfrak{g}}(\hat{\mathsf{K}})\,\mathsf{K}^{\times}/\mathsf{K}^{\times}$$

als Quotient zweier Hauptgeschlechter $H^1_{\mathfrak{g}}(C_{\mathsf{K}})$ und $H^1_{\mathfrak{g}}(\hat{\mathsf{K}})$ von C_{K} bzw. $\hat{\mathsf{K}}$ kann auf Grund der verschärften Eigenschaft (A) und eines Satzes über Idelklassenfaktorensysteme die folgende Aussage über den Knoten $\mathsf{N}_{\mathsf{K}/\Omega}$ gemacht werden:

Die Gruppe $\mathsf{N}_{\mathsf{K}/\Omega}$ *ist endlich, ihr Exponent* $\nu^{\circ}_{\mathsf{K}/\Omega}$ *ist ein Teiler von* $\frac{n}{n_0}$, *wo* $n = [\mathsf{K}:\Omega]$ *und* n_0 *das k. g. V. aller* $\mathfrak{p}$*-Grade* $n_{\mathfrak{p}}$ von K/Ω *ist; folglich gilt der HASSEsche Normensatz* ($\nu^{\circ}_{\mathsf{K}/\Omega} = 1$) *jedenfalls dann, wenn* $n = n_0$ *ist. Die Ordnung* $\nu_{\mathsf{K}/\Omega}$ *von* $\mathsf{N}_{\mathsf{K}/\Omega}$ *läßt sich auf drei „Geschlechterindizes"* $\gamma_{\mathfrak{g}}(C_{\mathsf{K}})$, $\gamma_{\mathfrak{g}}(\hat{\mathsf{K}})$ *und* $\gamma^{\circ}_{\mathfrak{g}}(\mathsf{K}^{\times})$ *zurückführen, von denen die ersten beiden im abelschen Fall explizit bestimmt werden können.*

Sei im abelschen Fall $\mathfrak{g} = \text{dir} \prod_{p/n} \text{dir} \prod_{i=1}^{l_p} \mathfrak{z}_i^{(p)}$ *eine direkte Zerlegung von* $\mathfrak{g}$ *in zyklische Gruppen* $\mathfrak{z}_i^{(p)} = \{s_i^{(p)}\}$ *mit steigenden Ordnungen* $p^{\nu_i^{(p)}}$, *fener* $\xi(\mathfrak{g}) = \{\xi_{r,s,t}\}$ *ein kanonisches* TEICHMÜLLER*sches 3-Faktorensystem von* K/Ω. *Dann besitzt* $N_{K/\Omega}$ *die invariante Erzeugung:*

$$(5) \qquad \Omega^{\times} \cap K^{\mathfrak{g}} = \text{dir} \prod_{p/n} \left[\prod_{i<j} \left\{ \xi^{-1}_{s_j^{(p)}, s_i^{(p)}, \mathfrak{g}} \, \xi_{s_i^{(p)}, s_j^{(p)}, \mathfrak{g}} \right\} K^{\times \mathfrak{g}} \right],$$

wobei i. a. nur das äußere Produkt direkt ist und $\xi_{r,s,\mathfrak{g}} = \prod_{t \in \mathfrak{g}} \xi_{r,s,t}$ *bedeutet.*

LITERATURVERZEICHNIS

[1] H. HASSE, Beweis eines Satzes und Widerlegung einer Vermutung über das allgemeine Normenrestsymbol. Göttinger Nachr. 1931, 64—69.

[2] G. HOCHSCHILD — T. NAKAYAMA, Cohomology in class field theory. Ann. of Math. 55, 348—366 (1952).

[3] W. JEHNE, Idelklassenfaktorensysteme und verallgemeinerte Theorie der verschränkten Produkte. Abh. Sem. Univ. Hamburg 18, 70—98 (1952).

[4] T. NAKAYAMA, Idèle-class factor sets and class field theory. Ann. of Math. 55, 73—84 (1952).

[5] A. WEIL, Sur la théorie du corps de classes. J. of Math. Soc. Japan 3, 1—35 (1951).

Bei Fragen zur Produktsicherheit wenden Sie sich bitte an:
If you have any questions regarding product safety,
please contact:

Walter de Gruyter GmbH
Genthiner Straße 13
10785 Berlin
productsafety@degruyterbrill.com